带着科学去旅行

中国少年儿童百科全书

鸟儿的秘密

梦学堂 编

北京日报出版社

前言

　　孩子喜欢读什么书呢？这是每个家长都会问的问题。一本好看的童书一定是既新颖有趣又色彩丰富，尤其是儿童科普类图书。本套图书根据网络图书平台大数据，筛选了近五年来最热门的科普主题，包括动物、鸟类、昆虫、花草、树木、海洋、人的身体、天气、地球和宇宙十大高价值主题。

　　孩子的想象力既丰富又奇特，他们每天都会提出五花八门、千奇百怪的问题，很多问题连家长也难以解答。这时候就需要一套内容丰富、生动有趣，同时能够解答孩子疑惑的科普读物来帮忙。

　　本套图书采用全新的版式来编排，精美大气的高清彩图配上通俗易懂的文字，既生动亲切又新颖有趣。

为了让孩子尽可能地理解、记住抽象深奥的鸟类知识，本书精心设置了"鸟类小档案"板块，将书中最核心的知识归纳总结在上面，相当于老师在课堂上把重点内容写在小黑板上。孩子只要记住"鸟类小档案"里面的知识，就能记住整本书的核心知识。

此外，本书还设置了"科学探险队""你知道吗？""原来如此！""真奇妙！"等丰富有趣的板块，让孩子开心地跟随书中的小主人公一起去探索神奇的鸟类世界。

衷心期待本书能在孩子心中播下科学的种子，让孩子健康快乐地成长。

科学探险队

米小乐

不太爱学习的男孩，调皮、贪玩，对各种动物，尤其是海洋动物和昆虫感兴趣，好奇心强。

菲菲

对科学很感兴趣的女孩，学习认真，喜欢各种植物，特别是花草。

袋袋熊

贪吃，憨态可掬，喜欢问问题，特别是关于鸟类和其他小动物的问题。

米小乐：菲菲，咱们这次科学探险，要前往什么地方？

菲　菲：这次咱们去的地方很多，因为咱们的采访对象是鸟类，它们既生活在森林里，也生活在草原、沙漠，甚至海洋上，大家可不要喊累哟！

袋袋熊：没问题，我最喜欢鸟类，这次我一定要采访一下我的偶像火烈鸟！

菲　菲：哈哈，不光是火烈鸟，还有很多超可爱、超有趣的鸟类呢！

米小乐：这么一说，我更加期待这次的科学探险了，出发！

本书的阅读方式

每种鸟儿都有与众不同的生活，它们用第一人称"我"向大家介绍自己。

用第一人称讲述鸟儿的生活习性、爱好和生存环境等。

"科学探险队"与鸟儿们亲密接触，在第一现场为大家讲解它们的神奇生活。

朱鹮

我是国家一级保护动物朱鹮，属于大型涉禽，和大熊猫一样是中国的国宝。我仙姿翩翩、高雅优美，有"东方宝石"之称。在日本，我被尊为国鸟。我有一身洁白亮丽的粉红色羽毛，这让我飞翔时显得分外美丽。我们朱鹮家族曾经濒临灭绝，幸亏人类对我们进行及时保护，现在我们朱鹮家族的数量已经达到7000多只了！感谢人类，为人类点赞！

鸟类小档案

鸟纲—鹳形目—鹮科
栖息地：主要分布在中国秦岭地区的水田、沼泽、溪流附近
习性：性情孤僻沉静，不喜欢鸣叫，白天觅食，夜晚栖息于高大的树上，行动、飞行缓捷，婚姻为"一夫一妻"制
食物：鱼类、软体动物、甲壳动物、昆虫、谷类、草籽、嫩叶等
本领：飞翔
现状：国家一级保护动物

朱鹮有什么样的生活习性？

朱鹮：我们通常在水中觅食，因为我们的长腿可以在水中行走，而且脖子、嘴巴也很长，可以在水中寻找食物。白天，我们会在河流浅水区或稻田中活动，觅食时站立不动或缓步前行，同时左右摇摆身体和头颈，嘴巴上下开合，在水中来回试探。

我们有发达的感觉神经，一旦发现夹住的是食物，就会迅速夹紧嘴巴，并离开水中吃掉；如果夹住的是石头或树枝，会立即丢弃。

朱鹮喜欢将巢筑在栓皮栎、马尾松的枝权间，筑的巢像个圆盘子。

为什么朱鹮是和平之鸟？

朱鹮：我们被誉为"外交使者"，架起了中国对外友好交流的桥梁。

多年来，国际社会对我们的保护极为关注，多次开展交流与合作。我们还被作为"国礼"赠送给日本、韩国，使两国已经灭绝的朱鹮种群得以恢复。

如今，我们已成为中国实施保护自然政策的象征，国际交流中的"友好使者"。自1998年以来，中国政府已将来自秦岭的11只朱鹮赠送日本和韩国，其中日本7只，韩国4只。

目前，日、韩两国已成功实现朱鹮野化放飞，日本人工饲养和野生朱鹮数量合计达到500多只，韩国的朱鹮群体已达到300多只。

你知道吗？

朱鹮一到繁殖季节，就会用喙蘸取颈部腺体分泌的一种深色非水溶性物质，将其涂抹到粉白色的羽毛上，这使它看起来"很丑"，而且雌性朱鹮还会捡取树叶、树枝向雄性"求婚"。

"鸟类小档案"总结了每种鸟类的所属门类、栖息地、习性、食物、本领以及它们现在的生存状况，提醒大家注意保护它们。

"你知道吗？"等小板块进一步介绍鸟儿的各种冷知识、小秘密以及预防、保护它们的小窍门等。

用第一人称介绍鸟儿的各种有趣知识和超凡的本领。

目录

鸟类的基础知识

　　小朋友,你对鸟类了解多少呢?神奇的大自然孕育了各种各样的生命,而鸟类以飞翔和歌声享誉整个大自然。它们是长着翅膀的脊椎动物,也是演奏自然节拍的美丽歌手。

　　据统计,全世界目前已经发现的鸟类大约有 9000 多种,而中国就有 1000 多种。这些大自然的精灵,有的会每天出现在我们的生活中,有的却像天空中的流星一样,难得一见。我们现在就去了解它们吧,它们的奥秘可是多得数也数不完呢!

大家快跟我一起来探索鸟类的奥秘吧!

鸟是怎么分类的?

　　鸟儿种类繁多,并且会因生活习性的不同而表现出不同的形态特征。科学家根据鸟儿的共同特征把鸟儿分为八类:攀禽类、游禽类、走禽类、鸠鸽类、涉禽类、猛禽类、鸣禽类、鹑鸡类。

鸟的分类

类 型	特 征	典型代表
攀禽类	脚趾两个向前,两个向后,有利于攀缘	啄木鸟、杜鹃、翠鸟
游禽类	脚短,趾间有蹼,喙阔而扁平,善游泳、潜水	天鹅、鹈鹕、军舰鸟
走禽类	喙扁短,不会飞翔,双脚有力,擅长奔跑	鸵鸟、鸸鹋
鸠鸽类	喙较短,善飞行,嗉囊能分泌乳汁哺育雏鸟	岩鸽、山斑鸠
涉禽类	脚、脚趾、腿、脖子特别长,生活在沼泽和岸边	白鹭、鹭鸶、鹤、鹳
猛禽类	性情凶猛,喙和爪子锐利,翅膀强大有力	鹰、秃鹫、隼、猫头鹰
鸣禽类	体形较小,善鸣叫,能筑精巧的巢	百灵、画眉、燕子、织巢鸟
鹑鸡类	喙坚硬,腿有力,翅膀短小,善挖土,不善飞行	鹧鸪、马鸡、环颈雉

鸟儿为什么能飞翔？

　　鸟类不仅仅拥有一双翅膀，它的整个身体结构更是为了飞行而生。鸟类的骨骼强壮而中空，特别轻盈，肌肉非常有力。鸟儿即使不拍打翅膀也能保持飞翔状态，这归功于它们的身体结构符合空气动力学原理。鸟儿拍打翅膀主要是向前飞行。

　　羽毛是覆盖在鸟类皮肤上的角质化产物，这与毛发覆盖哺乳动物的皮肤是一样的道理。仔细观察羽毛的结构，可以看到羽毛上有一个被称为羽轴的中心轴，许多羽枝从羽轴上伸出，每根羽枝两侧又生长出许多羽小枝，羽小枝的尖端都长着羽小钩，像拉链一样彼此互相钩住。

自己动手！

搜集羽毛

　　鸟儿的羽毛非常漂亮，而且多种多样。如果想知道每根羽毛分别属于什么鸟，不妨从现在开始搜集吧。你可以到公园、花园、树林、河边、海边去寻找，把找到的羽毛放在一起，洗干净后晒干，用胶布分门别类粘在笔记本上，或者装在透明塑料袋中，写上发现的时间和地点。然后，就可以和你的朋友一起猜猜它们属于哪种鸟啦。

丹顶鹤

我是美丽优雅的丹顶鹤，又叫"仙鹤"。
我只生活在东亚地区，是东亚特有的鸟类，也
是中国国家一级保护动物。我是一种大型涉
禽，主要居住在沼泽和沼泽化的草甸里，以浅
水区的鱼、虾、软体动物和一些植物的根茎为
食。我最擅长鸣叫，叫声可以传好几千米远。
在中国文化中，我是非常吉祥的鸟，是忠贞、
长寿的象征。

鸟类小档案

鸟纲—鹤形目—鹤科

栖息地：东亚沼泽和沼泽化草甸

习性：集群、迁徙、换羽（春秋各换一次羽毛）

食物：鱼、虾、软体动物和植物的根茎

本领：飞翔、鸣叫、跳舞

现状：国家一级保护动物

为什么丹顶鹤的叫声非常嘹亮？

丹顶鹤：我们鸟儿的发声其实和人类的发声原理类似。人类的发声器官叫作声带，鸟类的发声器官叫发声管。当空气快速穿过发声管时，气流使发声膜振动发声。

我们丹顶鹤有长长的、盘旋的发声管，位于气管和支气管交界处，由软骨环和发声膜组成，就像萨克斯的共鸣管一样，所以叫声嘹亮，可以传得很远。你们人类不是有"鹤在天上听"的说法吗？

有些鸟类的气管两侧长有特殊的肌肉，叫作发声肌，可以控制发声管的伸缩，从而调节进入发声管的空气量和发声膜的张力，改变其鸣叫的长短。

为什么丹顶鹤的舞姿非常优美？

丹顶鹤：我们跳舞是为了求偶。每年3月末4月初，我们来到繁殖地，会在巢域内不断鸣叫来宣布对领地的占有。求偶的时候，我们常常是雄鸟嘴尖朝上，昂起头颈，仰向天空，双翅耸立，引吭高歌。雌鸟则高声应和，然后彼此对鸣、跳跃和舞蹈。

我们的舞姿非常优美，是因为我们能做出各种复杂连贯的动作。比如，伸颈扬头、屈膝弯腰、原地踏步、空中跳跃等，有时还叼起小石子或小树枝抛向空中。

原来如此！

过去，人们认为丹顶鹤头上的"丹顶"是一种剧毒，并把它称为"鹤顶红"，一旦入口，便会毒发身亡，无药可救。其实事实并非如此，"鹤顶红"并不是来自丹顶鹤的头部，而是来自砒霜，之所以把它称为"鹤顶红"，是古人的一种含蓄隐晦的说法。

大雁

　　我们是南北迁徙的美丽候鸟，也是一种大型涉禽。每年秋天，我们会从西伯利亚迁徙到地球的南部过冬。我们是出色的空中旅行家，飞行速度很快，每小时飞行超过 60 千米。飞行的时候，我们由头雁带领，像军队一样排成"人"字或"一"字，通过鸣叫互相交流、传递信号。通常两个月左右，我们就能飞到目的地。

鸟类小档案

鸟纲—雁形目—鸭科

栖息地：欧亚大陆和非洲等地的河流、湖泊、池塘、沼泽

习性：集群、迁徙、善斗、忠贞

食物：野草、牧草、谷类、鱼虾等

本领：飞翔、守纪律、善于团结协作

现状：国家二级保护动物

为什么大雁在飞行时要排成"人"字或"一"字?

大雁:因为我们是守纪律、组织严密的群体,通常由一只体格强健又识途的公雁担任群体队长。当我们从北向南迁徙,无论是越高山还是掠狂风,队长(头雁)总是飞在队伍最前面,后面每两只大雁之间都保持同样的距离,从而形成一个整齐的阵列——雁阵。

排成"人"字或"一"字形雁阵既有利于节省体力,也有利于防御敌害。因为最前面的头雁扇动两只翅膀飞行时,会产生一股微弱的上升气流,后面的大雁可以利用这股气流的冲力滑翔。

大雁迁徙是一项艰辛的远征,单靠一只大雁根本无法完成。在长途迁徙中,飞行在前面的头雁体力消耗最快,因而不得不时常与其他大雁交换位置,以节省体力。

大雁在迁徙时会休息吗?

大雁:当然会休息。我们通常一天休息一次,因为飞行非常消耗体力,我们不能持续不停地一直飞下去。当我们体力不支时就会落下来,找一个有水的地方休息。休息的时候,由有经验的老雁来放哨,若发现敌害,它们会大声鸣叫,我们惊醒后会迅速飞逃。

我们一般在傍晚或黄昏时迁徙,白天找地方休息,这样更安全,因为很多猛禽都是白天出来活动。另外,飞行中我们也可以休息,如果有成员飞累了,就可以把翅膀靠在别的成员身上,让它们托着飞行。

超厉害!

大雁是禽中之冠,被誉为"五常俱全"的灵物。五常就是仁、义、礼、智、信。大雁还是极有情义的动物,雌雄相配,都是从一而终。若不幸有一方死亡,另一方到死也不会找其他伴侣。

天鹅

我是高贵优雅的天鹅，属于大型游禽。我全身羽毛洁白无瑕，颈部修长弯曲，被誉为鸟界的"白雪公主"。在中国最常见的是大天鹅、小天鹅和疣鼻天鹅，它们都是白色的；另外两种是黑颈天鹅和黑天鹅。在中国古代，我们又被叫作鹄（hú）、鸿鹄、鸿、鹤等，是高贵、纯洁、忠诚的象征。

鸟类小档案

鸟纲—雁形目—鸭科

栖息地：各大洲（除了非洲和南极洲）的湖泊、沼泽

习性：冬候鸟，喜迁徙，集群，对伴侣忠诚

食物：水生植物的根茎和种子，小鱼、软体动物、昆虫等

本领：飞行（高度可达9千米）、游泳

现状：国家二级保护动物

大天鹅与小天鹅有什么区别？

天鹅：大天鹅体长 1.2 ~ 1.6 米，体重 7 ~ 12 千克，全身羽毛为白色，嘴多为黑色，上嘴部至鼻孔部为黄色。小天鹅体长 1.1 ~ 1.3 米，体重 4 ~ 7 千克，雌鸟体形略小，体羽洁白，头部稍带棕黄色，颈部和喙均比大天鹅稍短。

最显著的区别是，大天鹅的喙的黄色延伸到鼻孔以下，而小天鹅喙上的黄色仅限于喙基两侧，鼻孔处是黑色。另外，小天鹅的鸣叫声清脆，像"叽、叽"的哨声，不像大天鹅，叫声像喇叭一样。

天鹅飞得非常高，可以飞越世界第一高峰——珠穆朗玛峰。

天鹅是怎样养育宝宝的？

天鹅：我们对伴侣非常忠诚，通常一生只有一个伴侣。孵卵工作由雌性天鹅负责，雄性天鹅在附近警戒。遇到敌害，雄性天鹅会拍打翅膀上前迎敌，勇敢地与敌人搏斗。

刚生下的天鹅宝宝脖子比较短，浑身长满浓密的绒毛，非常可爱；出壳几个小时后，天鹅宝宝就能跑和游泳，但是贴心的父母仍会精心照料它们数月；有的种类的天鹅宝宝会伏在父母背上。小天鹅成年之前，羽毛通常是灰色或褐色的，有杂纹，长到 2 岁以后才会披上像父母那样的羽毛，到第三年或第四年才达到性成熟。

长知识了！

黑天鹅

黑天鹅原产自澳大利亚，是世界上唯一一种黑色的天鹅，它只有初级飞羽小部分为白色，其余通体羽色为黑色。黑天鹅的喙呈鲜红色，喙的前端有一条"V"字形白带。目前，黑天鹅已经被广泛引进到世界各地。在欧洲，人们曾经认为黑天鹅是同魔鬼生活在一起的，非常不吉利，所以大肆捕杀黑天鹅。

朱鹮

　　我是国家一级保护动物朱鹮，属于大型涉禽，和大熊猫一样是中国的国宝。我仙姿翩翩、高雅优美，有"东方宝石"之称。在日本，我被尊为国鸟。我有一身洁白亮丽的粉红色羽毛，这让我飞翔时显得分外美丽。我们朱鹮家族曾经濒临灭绝，幸亏人类对我们进行及时保护，现在我们朱鹮家族的数量已经达到7000多只了！感谢人类，为人类点赞！

鸟类小档案

鸟纲—鹳形目—鹮科

栖息地：主要分布在中国秦岭地区的水田、沼泽、溪流附近

习性：性情孤僻沉静，不喜欢鸣叫，白天觅食，夜晚栖息于高大的树上，行动、飞行缓慢，婚姻为"一夫一妻"制

食物：鱼类、软体动物、甲壳动物、昆虫、谷类、草籽、嫩叶等

本领：飞翔

现状：国家一级保护动物

朱鹮有什么样的生活习性?

朱鹮:我们通常在水中觅食,因为我们的长腿可以在水中行走,而且脖子、嘴巴也很长,可以在水中寻找食物。白天,我们会在河流浅水区或稻田中活动,觅食时站立不动或缓步前行,同时左右摇摆身体和头颈,嘴巴上下开合,在水中来回试探。

我们有发达的感受神经,一旦发现夹住的是食物,就会迅速夹紧嘴巴,并离开水中吃掉;如果夹住的是石头或树枝,会立即丢弃。

朱鹮喜欢将巢筑在栓皮栎、马尾松的枝杈间,筑的巢像个圆盘子。

为什么朱鹮是和平之鸟?

朱鹮:我们被誉为"外交使者",架起了中国对外友好交流的桥梁。

多年来,国际社会对我们的保护极为关注,多次开展交流与合作。我们还被作为"国礼"赠送给日本、韩国,使两国已经灭绝的朱鹮种群得以恢复。

如今,我们已成为中国实施保护自然政策的象征,国际交流中的"友好使者"。自 1998 年以来,中国政府已将来自秦岭的 11 只朱鹮赠送日本和韩国,其中日本 7 只,韩国 4 只。

目前,日、韩两国已成功实现朱鹮野化放飞,日本人工饲养和野生朱鹮数量合计达到 500 多只,韩国的朱鹮群体已经达到 300 多只。

你知道吗?

朱鹮一到繁殖季节,就会用喙蘸取颈部腺体分泌的一种深色非水溶性物质,将其涂抹到粉白色的羽毛上,这使它看起来"很丑",而且雄性朱鹮还会捡取树叶、树枝向雌性"求婚"。

白鹭

　　我是天生丽质、身材修长的白鹭，属于大型涉禽。看到我，你是不是想起了"两个黄鹂鸣翠柳，一行白鹭上青天"的美好诗句？我最骄傲的是拥有一身洁白的羽毛，这也是我的名字的由来。我的头部长着两根美丽的矛状长形冠羽，迎风飘扬时像两条白色的丝带，美丽动人；我的腹部、肩部、尾部还有洁白的羽枝状"蓑（suō）羽"，迎风展开时像孔雀开屏一般。我们白鹭共有 13 种，常见的有大白鹭、中白鹭、小白鹭和雪鹭。

鸟类小档案

鸟纲—鹈形目—鹭科

栖息地：沿海岛屿、海岸、海湾、江河湖泊、水塘、稻田、沼泽

习性：涉禽，单独或集群，警惕性高，见人接近就会马上飞走

食物：鱼、虾、蟹、蝌蚪和水生昆虫等

本领：飞行、捕鱼

现状：黄嘴白鹭是国家一级保护动物

小白鹭和中白鹭、大白鹭有什么区别？

白鹭：在中国，最常见的就是我们小白鹭。我们小白鹭体长 52 ~ 68 厘米，比中白鹭和大白鹭略小，不过我们体形很相似。和中白鹭、大白鹭最明显的区别是，我们的头部有两根标志性的长矛状冠羽。冬天，我们的冠羽和蓑羽会脱落。

我们喜欢集群，经常三五成群地活动在水边浅水区。进食的时候，我们三三两两地散开，也常与其他种类混群进食。晚上在栖息地集成数十、数百，甚至上千只的大群。

小白鹭常一只脚站在水中，不时昂头环顾四周，一有危险就立即飞走。

白鹭是怎样繁殖的？

白鹭：我们的繁殖期是每年的 3—7 月。一般每窝产 3 ~ 6 枚卵，卵大部分呈卵圆形，也有呈橄榄形和长椭圆形的，颜色为灰蓝或蓝绿，重 25 ~ 32 克。

卵由白鹭妈妈和白鹭爸爸轮流来孵，不过白鹭妈妈的孵卵时间相对较长，孵化期通常是 25 天。白鹭宝宝出生时没有羽毛，不能调节自己的体温，因此由白鹭爸爸、白鹭妈妈轮流抱窝，为白鹭宝宝保温、遮阴，共同抚育鸟宝宝。

没想到吧！

白鹭常常和朱鹮一起觅食，这是因为白鹭通常用眼睛搜寻猎物，而朱鹮通常用嘴巴在水中觅食，它们在一起不会发生冲突。另外，白鹭的警戒程度比朱鹮高，可以更早地发现天敌，朱鹮和白鹭在一起更容易发现天敌，因此白鹭间接地充当了哨兵的职能。

火烈鸟

我是世界上最美丽的鸟类之一，有"红色天使"的称号。我的脖子细长优雅，腿修长迷人，羽毛粉红亮丽，身高接近1.6米，这些在鸟界都是出类拔萃的。我的嘴巴非常奇特，既短又厚，而且中部向下弯曲。我属于大型涉禽，觅食时，头部往下浸，喙倒转，将食物吮入口中，把多余的水和不能吃的渣滓排出，把食物留在嘴里，慢慢吞下。

鸟类小档案

鸟纲—红鹳目—红鹳科

栖息地：热带、亚热带盐湖水滨

习性：性怯懦，喜群栖，对伴侣忠诚

食物：藻类、小虾、蛤蜊、小蠕虫、昆虫幼虫等

本领：飞翔、游泳、单腿直立

现状：珍稀鸟类，种类全部列入《世界自然保护联盟濒危物种红色名录》

为什么火烈鸟的羽毛是粉红色的？

火烈鸟：其实我们的羽毛原本是白色的，而不是粉红色的。我们的孩子刚出生时羽毛就是白色的，只不过长期食用含虾青素的食物，渐渐就变成了粉红色。我们主要生活在盐湖边，以藻类和浮游生物为食，而这些食物中含有丰富的虾青素。

虾青素是一种红色固体粉末，不溶于水，却溶于脂肪，所以我们吃下去之后无法排泄出来，长期积累在体内，羽毛就渐渐变成了红色。

提醒一下，并不是所有火烈鸟的羽毛都是红色的，如果所吃的食物含的虾青素的量不够，那么羽毛就可能是灰白色或橙色。

火烈鸟的羽毛的红色越鲜艳，代表身体越健壮，越容易吸引异性，繁衍的后代也就越优秀。

火烈鸟为什么总是单腿站立？

火烈鸟：在不走路的时候，我们经常单腿站立。因为这样可以减少腿部泡在水里的面积，防止体温散失。

另外，我们用一条腿站着，还可以让一半大脑休息，另一半大脑保持平衡和警觉。你们可能担心我们一条腿站不稳，其实不然。我们火烈鸟号称"平衡大师"。即使狂风大作，保持几个小时单腿站立也是没问题的。

因为我们特殊的肌肉组成和韧带可以让单腿站立毫不费力。

小秘密！

火烈鸟的巢穴多建造在三面环水的半岛形土墩或泥滩上。筑巢时，火烈鸟用喙把潮湿的泥巴滚成小球，再混入一些草茎等纤维性物质，然后用爪一层一层地砌成上小下大、顶部为凹槽的"碉堡"式的巢。

百灵鸟

我是爱唱歌的百灵鸟，属于鸣禽类。我被称为"鸟中歌手""草原上的音乐家"，是最擅长唱歌的鸟类。我可以模仿和学习许多鸟类和小动物的声音，并且歌声嘹亮，婉转动听，能持续很长时间。在空中，我的歌声可以直冲云霄！

鸟类小档案

鸟纲—雀形目—百灵科

栖息地：中国内蒙古、河北、青海地区的干旱山地、荒漠、草原

习性：留鸟或夏候鸟，耐高温、寒冷、干旱，喜欢边飞边叫

食物：昆虫和虫卵、草籽、小草芽、谷类等

本领：飞行、唱歌

现状：国家二级保护动物

为什么百灵鸟唱歌非常动听？

百灵鸟：我们百灵鸟有 4 ~ 9 对控制发声的鸣肌，比一般鸟多 2 ~ 5 对，而且每侧的鸣肌都可以单独收缩，这就使得我们的歌声更有旋律，更婉转悠扬。另外，我们在唱歌时，发出的不仅是单个音节，还会把多个音节串联成章，这样听起来就便像一首歌，而不是单纯的鸣叫。

除了这个独特的天赋，我们还拥有超高的学习本领，可以学习别的鸟类和小动物的鸣叫。比如，母鸡的咯咯声、鸭子的嘎嘎声、猫的喵喵声、狗的汪汪声，甚至还能学习婴儿的啼哭。我们把学到的各种声音串联成乐章，就能唱出"交响乐"的感觉。

看来，我必须向"音乐大师"——百灵鸟学习！

云雀是百灵鸟吗？

百灵鸟：云雀是我们百灵科的一个种，又叫小百灵、告天鸟、朝天柱、阿蓝等。全世界大约有 75 种云雀，主要分布在中国新疆、西藏、东北北部、山东半岛、长江中下游至广东及沿海一带，体长约 18 厘米，体重 30 克左右。

云雀的羽毛大部分是沙褐色，上部密布黑色纵纹，头顶有小羽冠，脸上有淡棕色眉纹，胸部为棕白色，

有黑褐色斑点，脚肉为褐色，后爪特别长。

云雀常栖息于近水的草原和广袤的田野、滩涂，在沿海一带比较多见。

超厉害！

云雀是地栖性鸟类，喜欢成群结队地在地面上奔跑，唱歌非常动听，歌声婉转悦耳，嘹亮多变，而且经常从地面草丛中垂直飞起，到一定高度便扇动双翅，边鸣边悬浮在空中，片刻后又高唱着冲入云霄，因而此时往往只闻其声不见其影。

织巢鸟

我是鸟类中最灵巧的建筑师，属于小型鸣禽。别看我体形娇小，只有麻雀那么大，可我能建造最精巧、最漂亮、最结实的鸟巢。我建的鸟巢可以住 100 年以上。我们织巢鸟主要生活在非洲，一生都在忙着建造鸟巢和养育后代，所以被人类叫作织巢鸟。

鸟类小档案

鸟纲—雀形目—文鸟科

栖息地：非洲、大洋洲干旱的稀树草原和林地

习性：胆大，喜欢单独或成对活动

食物：果实、种子、草籽、嫩叶、昆虫等

本领：飞行、织巢、鸣叫

现状：无危

为什么织巢鸟要织漂亮精致的鸟巢?

织巢鸟:我们织巢是为了求偶和养育后代。在我们织巢鸟家族,结婚之前必须得有房子,而且必须漂亮舒适。在谈婚论嫁前,雌鸟会先看房子,如果不满意,我们就得拆掉重建。有时甚至连拆七八次,才能建成让雌鸟满意的房子。

还有一个原因,我们比较弱小,必须建造安全温暖的房子,才能保护我们的子女安全成长。你看,我们的房子像个大鸭梨,而且出口只有一个,在房子的底部,这样可以防止蛇、鼠钻进来,吃我们的卵和孩子。

织巢鸟建造的房子既轻盈通风、坚固结实,又能防雨,如果不发生意外,可以居住几十年。

织巢鸟是怎样织巢的?

织巢鸟:我们的鸟巢一般由织巢鸟爸爸建造。织巢鸟爸爸先用草茎在树枝上系个结,然后在这个基础上编织一个悬垂的圆环,接着在圆环上添枝加叶,来回穿插编织,就像人类织毛衣那样,一点一点地编织,最终把它织成一个像水滴或梨形那样的精美建筑。

建好巢后,我们还会衔来一些小

石子放在巢中,增加其重量,防止被大风刮走。

不可思议!

最大的鸟巢

世界上最大的鸟巢是由数百只群居织巢鸟共同建造的,有"鸟巢公寓"之称。其高度可达3米,直径达4米,重达1吨之多,里面有不同的隔间,复杂曲折,状如迷宫。"公寓"经久耐用,可保持7℃~8℃的恒温,是炎热的非洲非常理想的鸟类住宅。

乌鸦

我是聪明顽皮的乌鸦，又叫老鸹，是雀形目中最大的鸣禽，体长约50厘米。我全身或大部分羽毛是乌黑色的，这就是我被叫作乌鸦的原因。我的大脑特别发达，是最聪明的鸟类，根据人类专家测试，我的智商可以和大猩猩相提并论，这一点使我很自豪。我们家族中最常见的是大嘴乌鸦和小嘴乌鸦。

鸟类小档案

鸟纲—雀形目—鸦科

栖息地：除了南美洲、新西兰和南极洲，世界各地均有分布

习性：留鸟、集群、性情凶悍、富有侵略性、"一夫一妻"制

食物：谷物、浆果、昆虫、腐肉、鸟蛋等

本领：飞翔，智力超群，有逻辑推理能力，会制造和使用工具

现状：无危

为什么乌鸦非常聪明？

乌鸦：主要有两个原因。一是我们的脑容量与身体的比例在鸟类中是最大的。我们的大脑约占自身体重的2.3%，而家鸡的大脑只有其体重的0.1%，所以我们不仅可以更好地适应环境，也更容易在人类城市中生存。

二是我们是群体性动物，可以活得更长。在自然界中，我们乌鸦的寿命长达13年，这比许多鸟类的寿命都长。这意味着我们有时间学习和在群体中交流生存经验，并将自己的智慧传给下一代。天赋加上后天的学习，让我们成了最聪明的鸟类。

看到乌鸦这么聪明，我有点儿羞愧，今后我要努力学习，做一只超级聪明的熊！

乌鸦的聪明表现在哪些方面？

乌鸦：我们在很多方面都很聪明。比如，我们能独立制造并使用工具，可以借助石块砸开坚果，把金属丝弄弯用来钩取我们无法得到的东西。另外，我们还会用多个小零件组合成一件复合工具，用来获取食物。

我们还有逻辑推理能力。比如，能数数，并根据数字来推理，这在科学家的实验中已经证明了。

我们还能计划未来。比如，我们在储存食物时，如果发现别的动物偷看，就假装把食物储存在这里，然后偷偷把它们转存到别的地方，这样就不会被偷窃了。

不可思议！

恶趣味的乌鸦

乌鸦有一个特别的嗜好：薅毛！不管是什么动物的毛，它们都喜欢薅一撮下来。乌鸦经常趁其他动物不备时，绕到其他动物背后，对着它们的尾巴猛啄一下，许多动物（狐狸、狼、北极熊、秃鹫、马等）都深受其害。

喜鹊

　　我是中国人超级喜爱的报喜鸟——喜鹊，属于大型鸣禽。我的样子像乌鸦，但是和乌鸦有很大不同。我不像乌鸦那样全身黑乎乎的，我的肩部和腹部的羽毛都是白色的，尾巴特别长，还带有蓝绿色的金属光泽。我爱吃蝗虫、松毛虫、叶蛾等害虫，因此被人类称为"田野卫士"。我还是鸟界的著名建筑师，我建的房子又大又宽敞，许多鸟类都喜欢住。有的鸟类很凶恶，它们直接霸占我辛辛苦苦建造的房子，太可恨了！

鸟类小档案

鸟纲—雀形目—鸦科

栖息地：亚洲、欧洲、北美洲等温带地区

习性：留鸟，集群，性情机警，喜欢在有人类活动的地区出没，在民居附近的大树上筑巢

食物：昆虫、植物种子、谷物等

本领：飞行、筑巢

现状：无危

喜鹊是怎样筑巢的?

喜鹊:我们每年到寒冬的十一二月份才开始筑巢,因为我们有厚厚的羽毛,不怕冷。我们的房子搭建工程量巨大,需要夫妻合作共建。雄鸟负责衔取较大的树枝,雌鸟衔取较小的树枝,先铺造巢底,再垒围墙,然后架横梁,最后封盖巢顶。

从开始衔枝到房子全部建成,大约需要4个月时间。从外面看,我们建造的房子枝条纵横,很粗糙,但是内部结构非常复杂、精致。房顶枝条排列紧密,风雨不透,中间还有坚固的横梁。巢底还铺着芦花、棉絮、兽毛、人发和鸟的绒羽混在一起压成的"弹簧褥子"。

鸟界善于筑巢的除了喜鹊,还有燕子、斑鸠、织巢鸟等。

喜鹊是怎样产卵的?

喜鹊:我们把房子建好后就开始产卵。一般每窝产5～8枚卵,有时多达11枚,1天产1枚,大多在清晨产出。我们的卵大多呈灰色或灰白色,带有褐色或黑色斑点,卵圆形或长卵圆形。

卵产齐后,喜鹊妈妈开始孵卵,孵化期为17～18天。为了保持卵的温度,喜鹊妈妈会一直待在窝中,由喜鹊爸爸负责提供食物。刚孵出的喜鹊宝宝全身裸露,呈现出可爱的粉红色,由父母共同哺育,30天左右,喜鹊宝宝即可离巢。

超厉害!

据调查,喜鹊一年所吃的食物,80%以上都是危害农作物的害虫,如蝗虫、蝼蛄、金龟子、夜蛾幼虫或松毛虫等,只有15%是谷类与植物种子。所以,喜鹊是对人类非常有益的鸟,我们应该好好爱护它们。

松鸦

　　我是美丽的松鸦，属于鸣禽类。我虽然被列入乌鸦科，可长得一点儿都不黑。我头顶长着红褐色的冠羽，嘴巴染着黑色颊纹，身披葡萄棕色的羽毛，翅膀上闪耀着黑、白、蓝三色相间的横斑，就像一只漂亮的金丝雀。我们松鸦是一种森林鸟，喜欢栖息在针叶林、针阔叶混交林、阔叶林等森林中，我们专吃害虫，帮助森林除害。

鸟类小档案

鸟纲—雀形目—鸦科

栖息地：亚洲、欧洲、非洲山林

习性：留鸟，性情活泼温顺，爱聒噪，喜欢小群体生活，也喜欢学舌和储藏食物

食物：松籽、橡子、栗子、浆果、草籽等植物果实与种子

本领：飞翔、学舌

现状：无危

松鸦为什么喜欢鸣叫?

松鸦：我性情活泼，喜欢在树枝上跳来跳去，并发出"jay、jay、jay"的叫声，所以英文名字就叫 Jay。人类可能觉得我的叫声不太好听，但我从来就不是为人类而鸣叫的。

我不仅喜欢鸣叫，还擅长学舌，可以将其他鸟类的叫声模仿得惟妙惟肖，还能模仿砍树、锯木头的声音。

此外，我还可以模仿猛禽的叫声，吓唬白天睡觉的猫头鹰。因为猫头鹰是我们夜间的天敌之一。

松鸦会在秋天收集很多坚果，埋到地下储藏起来，作为过冬的口粮。

松鸦的智力很高吗?

松鸦：根据人类科学家的测验，我们松鸦的智力和类人猿差不多。人类科学家曾进行了一场关于自控能力的实验，发现自控能力与智力密切相关。

实验是这样的，在三个抽屉里分别放三种食物：面包虫、面包、奶酪，其中面包虫是我们最喜欢的，面包和奶酪是我们第二喜欢和第三喜欢的。我们可以选择立即吃掉打开的抽屉里的面包或奶酪，也可以选择等待一段时间，从另一个被研究人员拉开的抽屉中吃掉最喜欢的面包虫。

实验结果显示，参与实验的我们都愿意花时间来等待心爱的面包虫。

没想到吧！

松鸦虽然很聪明，但记忆力不是很好，它储藏的很多过冬的坚果都会忘记去吃，于是到了第二年春天，那些被遗忘的坚果就会萌发出芽。年复一年，松鸦不知不觉地帮助大树传播了种子。据研究，每只松鸦每年能"播种"超过 1000 颗橡子。

啄木鸟

　　我是爱啄树的啄木鸟，属于攀禽类。我是大森林里的医生，既给树木看病，又填饱自己的肚子，顺便还在啄出的树洞里建巢，哺育自己的儿女。我一直遵循着与大自然和谐共生的原则，不去伤害树木。但是，不是所有啄木鸟都是善良的，有些啄木鸟会严重伤害树木。想知道哪些啄木鸟会伤害树木吗？赶紧往下看吧！

鸟类小档案

鸟纲—鴷（liè）形目—啄木鸟科

栖息地：除了大洋洲和南极洲，世界各地均有分布

习性：留鸟，喜欢啄树木和在啄出的树洞里筑巢

食物：树木中的虫子、坚果、果实、花粉或蜜蜂等

本领：飞行、啄木

现状：无危

为什么啄木鸟整天不停地啄树木，却不会得脑震荡？

啄木鸟：我们有独特的防震装置，可以预防脑震荡。

首先，我们的头骨非常坚硬，但结构疏松，头骨内部充满空气，还有一层坚韧的外脑膜，在外脑膜和脑髓之间有一条狭窄的空隙，里面含有液体，这可以减少震波的流体传动，起到消震的作用。

其次，我们的头部两侧长有强健的肌肉，这也可以防震、消震。

另外，我们的头部还长有"舌骨"，它环绕头盖骨一圈，像一条安全带，保护我们的脑部免受伤害。此外，我们的上下喙长度也不一致，这也可以减缓力量的传送。

啄木鸟啄木的时候，嘴巴是垂直击中树木的，而且啄击位置不断变化，这可以避免一个点一直受力。

有哪些啄木鸟会伤害树木？

啄木鸟：我们啄木鸟有200多种，这里面既有像斑啄木鸟、黑啄木鸟这样真正能够捕食隐藏在树木体内害虫的医生，又有像橡树啄木鸟、吸汁啄木鸟这样伤害树木的坏蛋。

橡树啄木鸟为了填饱肚子，会把树木啄得很深，这样就会导致小树英年早逝。而吸汁啄木鸟会故意将健康的树木啄开孔，让树汁留下来吸引害虫聚集、产卵、生长。这样虽然它们自己吃饱了，但对健康的树木却造成了很大伤害。

真奇妙！

啄木鸟拥有超常的身体弹性和攀树能力。它的尾巴长有锋利的尖钉，可以插入树干，这样啄木鸟就可以安稳地待在树上，不用担心掉下来。另外，啄木鸟拥有瞬膜，可以保护自己的眼睛不被啄出的木屑伤害。

杜鹃

我是叫声洪亮的杜鹃，又叫布谷鸟，属于大型攀禽类。每年杜鹃花开的时候，我就会鸣叫，所以被叫作"杜鹃"。我体形像鸽子，长着黑灰色或褐色的羽毛，尾巴上有一些白色斑点，腹部还有一些黑色的横纹。因为我爱吃松毛虫、毒蛾，可以帮树木除害，所以又被称为"森林卫士"。

鸟类小档案

鸟纲—鹃形目—杜鹃科

栖息地：热带和温带树林

习性：候鸟，巢寄生鸟类，肉食动物，性情自私，喜欢把蛋下在别的鸟类的巢里，让别的鸟类代孵代养

食物：昆虫

本领：飞翔、鸣叫、寄生

现状：被列入《国家保护的有益或者有重要经济、科学研究价值的陆生野生动物名录》

杜鹃是自私自利的鸟吗？

杜鹃：我们杜鹃家族有大杜鹃、三声杜鹃、四声杜鹃等，其中只有大杜鹃选择巢寄生，即选择把卵下在别的鸟类的巢里，由别的鸟类来代为孵化和喂养。其他的都是自己筑巢，自己孵化、抚养后代。

大杜鹃在春夏之交会寻找画眉、苇莺等小鸟的巢穴，然后伪装成凶猛的鹞吓走正在孵卵的小鸟，将自己的卵产在鸟巢中。

大杜鹃的卵很小，而且跟寄主的卵的颜色、大小很相似，所以有的寄主看不出来，于是便当成自己的卵来孵化。可是大杜鹃的卵发育很快，比其他鸟卵早孵化出来。而大杜鹃的雏鸟一出生就会狠心地将巢中的其他的卵都推出巢外，让"义父""义母"只抚养它一个，等到长大，它就会远走高飞，再也不回来了。

大杜鹃可以把卵寄生在 125 种鸟类的鸟巢中，是巢寄生类鸟中最聪明的鸟。

为什么杜鹃被称为"森林卫士"？

杜鹃：因为我们主要以五毒蛾、松针枯叶蛾及其他有害的幼虫为食，并且食量很大，也食用蝗虫、松毛虫等。很多鸟类都不敢食用松毛虫，但我们杜鹃敢吃，而且特别爱吃。

另外，我们还播报农时，每年春夏之交，我们都会在中国的大江南北不停地鸣叫，提醒人们赶紧播种或割麦，不要误了农时。因此被中国人视为报春鸟、吉祥鸟、幸福鸟，还被列入了《国家保护的有益或者有重要经济、科学研究价值的陆生野生动物名录》，简称"三有动物"。

你知道吗？

全世界巢寄生鸟类有 5 个科、80 多种，数量占全世界鸟类总数的 1%。五大巢寄生鸟科分别是杜鹃科、文鸟科、拟鹂科、鸭科、响蜜䴕科。

鹦鹉

最大的鹦鹉是金刚鹦鹉，体长可达1米。

我是能模仿人类说话的鹦鹉，有一身绚丽多彩的羽毛、小巧可爱的体形和超级发达的鸣肌。我的嘴巴像弯曲的钩子，非常坚硬，可以啄食坚果。我属于攀禽类，我的四个爪子两个向前，两个向后，方便抓住树枝。我们鹦鹉有将近400种。生活在中国的鹦鹉主要是大紫胸鹦鹉、绯胸鹦鹉、灰头鹦鹉、红领绿鹦鹉、花头鹦鹉等。

鸟类小档案

鸟纲—鹦鹉目—鹦鹉科、凤头鹦鹉科

栖息地：温带、亚热带、热带

习性：喜欢参加娱乐活动，天生很吵，集群，活泼勇敢

食物：种子、坚果、浆果、昆虫、嫩芽、嫩枝等

本领：飞行、表演、模仿、记忆力强

现状：很多野生种类是濒危物种

鹦鹉为什么会学舌?

鹦鹉:这主要和我们的发音构造和舌头的构造有关。我们的发音器官叫作鸣管,位于气管和支气管交界处,它有 4 ~ 5 对调节鸣管张力、声律的特殊肌肉——鸣肌,在神经系统的控制下,鸣肌收缩或松弛,从而发出鸣叫声。这种构造与人的声带十分相似,所以能发出抑扬顿挫的声音。

另外,我们的舌头圆滑而柔软,构造与人的舌头相似。正因为拥有这些发声条件,我们才能发出一些简单而清晰的音节。

鹦鹉能理解人类说的话吗?

鹦鹉:我们虽然能模仿人类说话,但是并不能理解人类的语言。我们的"口技"才能只是一种条件反射、机械模仿,因为我们没有思想和意识。比如,当我们听到有人敲门时,会大喊"请进",但这并不代表我们真的知道有人来了。我们只是在人类的训练下,把"敲门"与"请进"两种声音联系在一起,作为信号记住了。

我们非常善于模仿,所模仿的电话铃声、门铃声等可以以假乱真。我们的记忆力超强,能记住人类说的话,这个本领让我们有幸成了许多案件的"重要证人",帮助人类完成了案件侦破。

你知道吗?

鹦鹉的种类繁多,形态各异,羽色艳丽。有华贵高雅的紫蓝金刚鹦鹉,全身洁白、头戴黄冠的葵花凤头鹦鹉,能言善语的亚马孙鹦鹉,五彩缤纷的彩虹吸蜜鹦鹉,小型葵花似的鸡尾鹦鹉,小巧玲珑的虎皮鹦鹉和牡丹鹦鹉,大红大绿的折衷鹦鹉,形状如鸽的非洲灰鹦鹉等。

戴胜是物候的象征，古代将谷雨分为三候："第一候，萍始生；第二候，鸣鸠拂其羽；第三候，戴胜降于桑。"

戴胜

　　我是留着"朋克头"的戴胜，属于攀禽类。我的名字是中国古人起的，"戴"是头顶着的意思，"胜"是中国古代女性的头饰。据说王母娘娘就头戴方胜。所以，中国人认为我是一种祥和、美满、快乐的鸟。对了，我还是以色列的国鸟呢！

鸟类小档案

鸟纲—犀鸟目—戴胜科

栖息地：亚洲、欧洲、北非的山地、平原、森林、田野等

习性：留鸟，性情活泼，单独或成对活动，喜欢用细长的喙在土里找虫子

食物：昆虫及幼虫

本领：飞行、土里刨食

现状：无危

为什么戴胜是以色列国鸟？

戴胜：这与传说中以色列的古代君王所罗门有关。在犹太传说中，所罗门王在一个炎热的天气出行，此时一群戴胜鸟飞来为他遮阴，所罗门王感念其付出，赏赐了戴胜鸟一顶羽冠，于是这羽冠就长在了我们戴胜鸟的头上。

2008 年 5 月 29 日，以色列总统希蒙·佩雷斯宣布我们戴胜鸟为以色列国鸟。在宣布我们是国鸟之前，以色列自然保护协会发起了一项投票活动，从 10 种当地候选鸟中投票选出一种作为国鸟，有 15 万以色列人参与了投票，最终我们戴胜胜出。

戴胜为什么身上很臭？

戴胜：这是我们保护自己的方式。平时我们喜欢把粪便涂抹在身上，敌害闻到臭味就会自动避开。在繁殖期间，戴胜妈妈的尾脂腺还会分泌出一种恶臭的绿色液体，再加上我们也不清理巢内粪便，于是鸟巢就变得像厕所一样臭了。这样一来，捕食者就不会接近我们的鸟巢了。

原来如此！

为什么戴胜又叫"花蒲扇"？

平时，戴胜的羽冠呈折叠倒伏状，当受到惊吓、紧张或兴奋时会秒变"朋克头"，羽冠竖立，像一把打开的五彩折扇。另外，戴胜在飞行时，一起一伏，呈波浪式前进，就像一只巨大的翩翩飞舞的花蝴蝶，所以被称作"花蒲扇"。

巨嘴鸟

    我是憨态可掬、浓眉大眼的巨嘴鸟，属于中型攀禽类。我的嘴巴超级大，长度达到惊人的 17 ~ 24 厘米，几乎占整个身体的1/3。你们是不是觉得我长着这么大的嘴巴，行动肯定不便？别担心，我的嘴巴看起来很大，其实是中空的，重量很轻，还不到 30 克呢！

鸟类小档案

鸟纲—鴷形目—巨嘴鸟科

栖息地：南美洲热带雨林

习性：集群，喜欢欺负弱小动物，不喜欢飞行

食物：水果、坚果、种子、昆虫等

本领：树上行走

现状：列入《世界自然保护联盟濒危物种红色名录》

巨嘴鸟和犀鸟、犀牛鸟有什么区别?

巨嘴鸟:我们和犀鸟的区别主要是嘴巴。我们的嘴巴色彩斑斓,非常漂亮,嘴巴表面是角质的硬壳,里面中空,由极细的纤维和多孔的海绵状骨质组织组成,重量很轻,连30克都不到。

犀鸟的大嘴内部也是中空的,不过嘴巴上部有像盔甲一样的突起,好像犀牛角一样,它们的嘴巴比我们的更灵活,能够采食浆果、捕食老鼠等。

至于犀牛鸟,它们是帮犀牛清洁身上寄生虫的小鸟,体形小巧,样子跟我们巨嘴鸟的差别非常大。

巨嘴鸟吃东西非常滑稽,它们先用大嘴攫住食物,然后抛向空中,接着仰头张开大嘴接住再吃掉,像表演杂技似的。

巨嘴鸟很懒吗?

巨嘴鸟:我们有一点儿懒惰。我们不喜欢筑巢,喜欢寄居在天然的房子里。比如,中间腐朽的树洞,这样方便挖洞,还省时省力。找不到树洞,我们就住白蚁的巢穴,再不找到的话,就去住其他鸟的房子(啄木鸟是我们的首选目标,因为它们比较弱小),如果它们拒绝,我们就动手抢。

除了霸占弱小鸟类的房子,我们还会偷吃它们的卵和幼鸟。

没想到吧!

森林演化的关键角色

巨嘴鸟在棕榈树的繁衍过程中,充当了非常重要的角色。大多数棕榈树的繁衍都依赖鸟类吞食其果实,然后在其他地方将种子排出,以便生根发芽,长成新的树苗。而棕榈树的种子大如弹珠,大多数鸟类无法吞食,只有巨嘴鸟能够吞下,如果巨嘴鸟消失,棕榈树就会失去播种者。

猫头鹰

我是昼伏夜出的猫头鹰，属于猛禽类，有"暗夜杀手"的称号。我有超凡的夜视能力和超凡的听力，可以在夜间轻松捕获猎物。

我们猫头鹰有大有小，大的有雕鸮（xiāo），体长达90厘米，小的有东方角鸮，体长不足20厘米。我们的头部通常比较宽大，双目集中在头部前面，与猫头相似，所以叫猫头鹰。我们的眼睛不能转动，望向不同方向时需要转动整个头部，不过我们的脖子又长又软，可以转动270°。

鸟类小档案

鸟纲—鸮形目—草鸮科、鸱鸮科

栖息地：除南极洲外，世界各地都有分布

习性：夜行性鸟类，昼伏夜出，爱吐"食丸"

食物：鼠类、昆虫、小鸟、蜥蜴、鱼等

本领：飞翔，捕猎，视觉、听觉灵敏

现状：国家二级保护动物

猫头鹰为什么能在夜间捕猎?

猫头鹰:因为我们有超凡的夜视能力。我们的两只眼睛都朝向前方,左右眼的视野有很多重叠,这使我们能够准确地判断物体的远近。在黑暗环境下,我们的视觉能见度比人类高100倍以上。

除了夜视能力,我们的听觉也非常灵敏,有超过10万个听觉神经细胞,在夜间可以听到猎物细微的动作发出的声音。

另外,我们的羽毛非常柔软,羽毛上密生着天鹅绒般的羽绒,飞行时产生的声波频率小于1000赫兹,而一般哺乳动物的听力听不到这么低的频率,所以我们可以悄无声息地发动闪电袭击。

猫头鹰虽然夜视能力很强,但它是远视眼,无法看清眼睛周围很近的东西。

为什么猫头鹰会吐"食丸"?

猫头鹰:因为我们吃东西时经常囫囵吞下,我们的嗉囊具有消化能力,不过我们无法消化动物的骨头和毛,需要把它们吐出来,这就是"食丸",也叫"唾余"。如果你想知道我们每天吃了什么,就可以捡取我们的"食丸"来分析。

通常我们的"食丸"里面会有田鼠的骨头和毛发。是不是觉得很恶心?不过很多专家对我们的"食丸"很感兴趣,经常捡取我们的"食丸"来分析研究。

真奇妙!

有一种很奇特的猫头鹰,名叫仓鸮,又叫猴面鹰。它的头又大又圆,还有很明显的面盘,面盘就像雷达的凹面接收器,能帮助仓鸮更好地接收声音,避免双耳互相干扰。仓鸮的左右耳一高一低,这让仓鸮可以根据声音传到两耳的时间差来定位猎物。

金雕

　　我是猛禽之王，是体形最大的鹰科动物之一。我的身材高大雄伟，体长达76～102厘米，体重2～6.5千克，翼展超过2米。我的喙弯曲如钩，锐利坚固，腿粗大，爪锋利巨大，眼神锐利如刀。全身羽毛呈栗褐色，头部和颈部的羽毛为金色，这就是我的名字的由来。我通常在草原、河谷、山坡、荒漠活动，捕食鹿、山羊、狐狸、野兔等，有时候也被人类驯化，帮助人类捕猎。

鸟类小档案

鸟纲—鹰形目—鹰科
栖息地：亚欧、北美高原、草原、山地、丘陵、荒漠、河谷等
习性：单独或成对活动，性情凶猛，对伴侣忠诚
食物：中大型鸟兽
本领：飞行、捕猎、视力敏锐
现状：国家一级保护动物

金雕是怎样捕猎的?

金雕:我们善于翱翔和滑翔,常在高空一边呈直线滑翔或盘旋,一边俯视地面搜寻猎物,两翅上举略呈"V"字形,通过两翼和尾的微妙调节来控制飞行的方向、高度、速度和姿势。

当发现目标时,我们会收拢翅膀,以每小时300千米的速度俯冲,并在最后一刹那伸展翅膀减速,同时牢牢抓住猎物的头部,将利爪戳进头骨,使其立即丧命。

在捕到体形较大的猎物时,我们在地面上将其肢解,先吃掉好肉和心、肝、肺等内脏,再将剩下的分成两半,分批带回家。

金雕的俯冲速度和高铁一样快!

金雕有什么攻击武器?

金雕:我们的攻击武器是利爪和翅膀。

我们的利爪又粗又长,像狮子、老虎的爪子一样锋利,它们是我们最强大、最得心应手的攻击武器。抓捕猎物时,我们的爪能够像利刃一般刺进猎物的要害部位,撕裂皮肉,扯破血管,甚至扭断猎物的脖子。

我们的翅膀又大又坚硬,也可以作为武器。在捕捉猎物时,我们会扇

动翅膀进行攻击,有时用翅膀就可以将猎物击倒在地。

超厉害!

金雕经过训练,会更加勇猛善战,甚至可以在草原上抓狼!当狼逃跑时,它们会进行长距离追击,直到狼跑得精疲力尽、疲惫不堪,这时金雕会猛扑过去,用一只利爪紧紧抓住狼的脖颈,另一只利爪抓住狼的眼睛,使狼丧失反抗能力。

鸵鸟

　　我是世界上体形最大的鸟，有"鸟中之王"的称号。我身高2米以上，体重超过130～150千克，是鸟界名副其实的"巨无霸"。我属于大型走禽类，不能飞，因为我的翅膀又短又小，早已退化；不过我的奔跑速度很快，冲刺时的速度可达每小时70千米，这让我成了世界上速度最快的走禽。

鸟类小档案

鸟纲—鸵鸟目—鸵鸟科

栖息地：非洲沙漠和草原

习性：性情机警多疑，喜欢成群觅食、饮和沐浴

食物：植物的茎叶、果实和昆虫等

本领：奔跑，游泳，耐热，视觉、听觉敏锐

现状：无危

鸵鸟把头埋进沙子里是躲避危险吗?

鸵鸟:不是,这是误解。我们把头埋进沙子里主要是为了照顾埋藏在里面的卵。我们通常把卵产在沙子下面的洞里,洞并不深,只有0.6米左右。我们翻转藏在沙子里面的卵,使它们受热均匀,便于孵化。

另外,我们偶尔把头伸进沙子里,是为了吃点儿沙粒或小石块,帮助胃消化食物。虽然我们的食物大多是植物的茎叶和果实,不过有时也会吃蜥蜴和其他甲壳类动物,这种食物很难消化。

鸵鸟喜欢把头贴到地面上,这样既可以听到远处的声音,侦察敌情,也可以放松颈部肌肉,缓解疲劳。

鸵鸟是怎样防御敌害的?

鸵鸟:我们体形巨大,后肢粗壮有力,大脚趾上长着约7厘米长的趾甲。当遇到敌害时,我们会用我们粗壮的后肢和锋利的趾甲进行攻击。如果敌害很凶猛,我们敌不过,就会迅速逃跑。我们的速度每小时可达70千米,敌害一般追不上。

不过我们的耐力不好,只能坚持几分钟。如果发现跑不过敌害,我们就把身体贴到地面上,与沙子和枯草混在一起,这样敌害就不容易发现我们了。

没想到吧!

鸵鸟的吉尼斯纪录

鸵鸟除了是世界上最大的鸟类,还拥有三项吉尼斯纪录。① 现存鸟类中唯一的二趾鸟类(鸵鸟只有两个脚趾)。② 鸵鸟的眼球超级大,比它的脑子还大,重达60克,是陆地动物中眼球最大的动物。③ 鸵鸟蛋是鸟类中最大的,重达1400多克。

鸸鹋

我是澳大利亚国鸟，世界第二大鸟。在澳大利亚的国徽上，左边是袋鼠，右边就是我们鸸鹋。我身材魁梧，身高 1.5 ~ 1.9 米，体重 30 ~ 60 千克，擅长奔跑（最高速度可达每小时 50 千米）。我属于大型走禽类，不能飞行，原因和鸵鸟一样——翅膀退化严重。我的样子很像鸵鸟，但不是鸵鸟，我和鸵鸟最大的区别在脚趾，我有三根脚趾，而鸵鸟只有两根。

为什么鸸鹋被称为"运动健将"？

鸸鹋：我们擅长运动，尤其是长跑，可以连续跑数百千米。因为我们的腿很长，腿部粗壮，肌肉发达，而且有三个脚趾，这让我们走起路来既轻松又方便，还能快速小跑。我们的步行速度为每小时 4 ~ 7 千米，每一步行进的路程可达 3 米。冲刺时，我们速度可达每小时 50 千米。

我们还擅长游泳，能够横渡河流。不过一般不选择游过去，而是用我们的长腿慢慢地半游半走过去。过河的时候，我们也不着急，通常要先嬉戏玩耍一番，顺便洗个澡，清理一下羽毛，再慢慢渡过去。

鸸鹋是世界上最古老的种类之一，它的名字来源于它高兴时会发出"而苗、而苗"的叫声。

为什么鸸鹋不怕热？

鸸鹋：我们不怕热的原因有两个：一是我们身上的羽毛的尖端部分是黑色的，可以吸收热量，从而使内层羽毛形成隔温层；二是我们的行走速度很快，形成的气流足以带走羽毛尖端的热量。

另外，天热的时候，我们还可以伸出舌头喘气，急促地呼吸，通过肺部蒸发水分来降温。我们可以整天不停地喘气，且不会受血液里二氧化碳含量过低的影响，不过我们每天必须喝足够多的水来补充流失的水分。

小秘密！

只管生不管养的鸸鹋妈妈

鸸鹋妈妈只管产卵，孵化工作全部由鸸鹋爸爸来负责。鸸鹋爸爸在孵卵期间，一连 8 个星期都不吃不喝，只靠体内的脂肪维持生命。小鸸鹋孵化出来，也由鸸鹋爸爸带，要含辛茹苦地带两年，小鸸鹋才能独立生活。

凤头䴙䴘

  我是美丽的凤头䴙䴘（pì tī），体长约 56 厘米，有着修长的脖颈、黑色的羽冠，脖颈上长着像皱领一样的棕色羽毛，后背上披着暗褐色的羽毛。我属于游禽类，喜欢生活在水中，最大的本领是潜水。你千万不要把我当成鸭子，我可是䴙䴘目䴙䴘科动物，跟鸭子毫无关系。我们䴙䴘家族有 20 多种，其中在中国常见的是凤头䴙䴘、黑颈䴙䴘、小䴙䴘等。

鸟类小档案

鸟纲—䴙䴘目—䴙䴘科

栖息地：欧亚江河、湖泊、池塘等水域

习性：冬季候鸟，性情活跃，喜欢小群体生活，不太喜欢飞行

食物：鱼、虾、水生昆虫、以及水生植物

本领：游泳、潜水、水上舞蹈

现状：国家二级保护动物

鸊鷉和鸭子有什么区别？

凤头鸊鷉：首先，我们的喙和鸭子不同。我们的喙是尖的，而鸭子的喙是扁的。

其次，我们的脚和鸭子不同。鸭子大家都熟悉，它的脚的前面三个脚趾上长着全蹼，后面还有一个小小的短脚趾。我们三个脚趾之间的蹼没有连在一块，而是各自分开的，像花瓣一样，叫作瓣蹼。

另外，我们的脚长得靠近身体后部，这使我们在陆地上行走非常困难，而在水里却轻松自由。所以我们一般不上岸，只待在水里。

鸊鷉潜水非常厉害，可以潜 35 ~ 45 秒，最深可达 10 米。

凤头鸊鷉是怎么求偶的？

凤头鸊鷉：我们在求偶时，如果情投意合，会彼此深情对视，然后一起在水面上将身体高高地挺起，并同时上下点头，一起在水上前行，就好像在水面上跳芭蕾或探戈舞。

有时候我们还会头部朝下扎进水里，完成一个漂亮的前滚翻动作，然后在水下进行一段高速潜泳，在远处露头冒出水面。情到深处，我们还会各自从水底衔出一小撮水草献给对方，就像人类献给爱人玫瑰花一样浪漫。

没想到吧！

水上之家

鸊鷉的巢通常漂浮在水上，由芦苇、杂草和一些黏土做成，随波逐流。它们的产卵期在夏季，每次产卵 2 ~ 7 枚，卵为白色，由雌雄轮流孵化。大约 25 天后，鸊鷉宝宝出生。鸊鷉宝宝一出生就能自由活动，还能游泳。

鹈鹕

我是胖胖的、可爱的鹈鹕，走起路来摇摇晃晃，既笨拙又滑稽。我最大的特征是头部长着超过30厘米的大嘴巴，嘴巴下面还有一个大大的皮囊，可以自由地伸缩、存储食物。我非常贪吃，见到什么都想吞下去，所以被称为"大嘴鸟"。我属于大型游禽类，雌性体长约1.7米，身上长着浓密的短羽毛，颜色通常是桃红色、白色或浅褐色。我们鹈鹕种类不多，全世界只有8种，其中中国有3种，分别是白鹈鹕、斑嘴鹈鹕和卷羽鹈鹕。

鸟类小档案

鸟纲—鹈形目—鹈鹕科
栖息地：湖泊、江河、沿海和沼泽
习性：集群，性情胆大，对伴侣忠诚
食物：鱼
本领：飞翔、游泳、捕鱼、视力敏锐
现状：国家二级保护动物

鹈鹕是怎样捕鱼的？

鹈鹕：我们鹈鹕号称鸟中的"轰炸机""天上的渔夫"。因为我们的目光非常锐利，在高空就能看见水里的鱼。一发现鱼，我们就会像高速俯冲的轰炸机一样直冲入水中，每次都"弹无虚发"，浮出水面就会大有收获。

发现成群的鱼时，我们会呼叫同伴协同作战。我们以直线或半圆形的阵形进行包抄，把鱼群赶向水浅的地方。这时我们张开大嘴，连鱼带水都吞进皮囊中，然后闭上嘴巴，收缩皮囊，把水从嘴里挤出来，这样鲜美的鱼儿便被吞入腹中，让我们美餐一顿。

鹈鹕捕鱼的方式
和鲸一样，超级
厉害！

鹈鹕的皮囊有什么用处？

鹈鹕：我们的皮囊用处非常多。首先，我们可以用它来捕鱼。我们的皮囊既可以伸缩，又富有弹性，可以容纳 10 多升水。我们通过收缩舌的肌肉来控制皮囊变大和缩小，这就像一张复杂的渔网，大大提高了我们捕鱼的成功率。

此外，皮囊还是我们的"散热器"。当天气太热时，我们会像狗一样张开嘴巴，打开皮囊，通过快速晃动来让身体降温。皮囊也是我们存储食物的大口袋，当我们哺育孩子时，就张开嘴巴，让孩子把头伸进去吃皮囊中的食物。

爱"化妆"的鹈鹕

鹈鹕短小的尾羽根部有黄色的油脂腺，能够分泌大量的油脂。鹈鹕空闲时，就会用嘴在全身的羽毛上涂抹这种特殊的"化妆品"，使羽毛变得光滑柔软，在游泳时滴水不沾。

信天翁

我是世界上最大、最能飞、最忠贞的鸟，属于大型游禽类。在浩瀚无边的海洋上空，我像一朵灰白色的云彩展翅翱翔。我的体形非常大，体长70～140厘米，双翼展开3～4米。每当海浪袭来，别的鸟儿都会惊慌失措地躲避，只有我迎着海浪，勇敢地搏击、觅食！我是真正的"海洋之鸟"，大海是我的家，我一生都在海上漂泊。

鸟类小档案

鸟纲—鹱（hù）形目—信天翁科
栖息地：世界各大海洋
习性：海上漂泊、忠贞（一夫一妻制）、海岛繁殖
食物：鱼类、乌贼、章鱼等
本领：飞翔、动态滑翔、导航定位
现状：稀有种类，全部列入《世界自然保护联盟濒危物种红色名录》

为什么信天翁被称为"海洋之鸟"？

信天翁：我们对海洋极其依恋，几乎终生都在海上漂泊。自从学会飞翔，我们就开启了海洋漂泊之旅。我们每年在海洋上飞行的路程可以绕地球3圈，而一生飞行的路程长达600万千米，相当于从地球到月球往返8次。

我们在海洋表面就可以栖息，不需要回到陆地上，只有到繁殖季节才回到海岛上。渴了我们可以喝海水，因为我们的管状鼻孔有鼻腺，可以排出多余的盐分。

我们的飞行方式与众不同，主要靠滑翔来飞行，一天可以飞行将近1000千米。

信天翁拥有导航定位的本领，不管多远都能找到家。

为什么现在海洋上很少看到信天翁？

信天翁：这是我们信天翁的悲剧！由于海洋环境日益恶化，导致我们觅食越来越困难，越来越危险。其中，最大的危险来自采用"延绳捕鱼"的大型渔船。延绳上通常挂着很多小鱼，但我们不知道这是陷阱，于是就去吞食，结果被钩网绞住，渔网下沉，我们被溺死在了水中。

塑料垃圾对我们的危害也非常严重。当我们吞下无法消化的塑料时，就会被割破食管，甚至窒息、饥饿、脱水而死。每年都有成千上万的小信天翁因吞食了父母喂给它们的塑料垃圾而悲惨地死去。

没想到吧！

信天翁的管状鼻孔非常奇特，它不仅可以使信天翁通过灵敏的嗅觉寻找潜在的食物，还可以准确测量飞行速度，这一点与现代飞机上的空速管功能类似，这也是信天翁实现动力滑翔的重要依靠。

海鸥

　　我是喜欢亲近人类的海鸥类，属于游禽类，有"海港清洁工"的美称。我知道很多人类讨厌我，因为我总是偷抢他们的食物，让他们惊慌害怕。其实我不是特别坏，我对人类还有很多帮助呢！比如，我可以为人类预报天气，这对人类的航海是非常重要的。另外，我还能喝海水，因为我的嘴巴和眼睛之间有排盐的盐腺。

鸟类小档案

鸟纲—鸻（héng）形目—鸥科

栖息地：海岸、河口和港湾

习性：集群，性情凶猛，喜欢跟踪海船，吃人类的残羹剩饭，甚至偷抢人类的食物

食物：几乎什么都吃

本领：飞行、游泳、偷抢

现状：无危

海鸥为什么喜欢跟踪轮船？

海鸥：我们跟踪轮船有两个原因：一是为了省力。根据空气动力学原理，当流动的空气遇到障碍物时，就会向上形成一股强大的气流——动力气流。在轮船航行时，其上空就会形成这样的动力气流。我们跟着轮船，动力气流会托住我们的身体，这样一来，我们不用扇动翅膀，也可以飞翔。

二是为了吃。当轮船航行时，其船尾会激起阵阵浪花，而这些浪花有时会把大海里的小鱼、小虾翻打上来。我们跟在后面，就可以轻松地捕食这些鱼虾。

海鸥喜欢抢夺人类的食物，特别是在一些国家的沿海地区。这让海鸥获得了"食物小偷"的恶名。

为什么海鸥能预测天气？

海鸥：因为我们的骨骼和羽毛都是空心管状的，骨骼里面没有骨髓，而是充满空气，羽毛也是，所以我们的身体能快速感知气压的变化。

当我们贴近海面飞行时，预示着未来的天气将是晴朗的。当我们沿着海边徘徊时，预示着天气将会逐渐变坏。当我们离开水面，高高飞翔，成群结队地从大海远处飞向海边，或成群地聚集在沙滩上和岩石缝里时，则预示着暴风雨即将来临。

你知道吗？

海鸥的羽毛分为夏羽和冬羽。在炎热的夏天，它们脑袋上的羽毛是黑色的。当寒冷的冬天来临时，它们脑袋上的羽毛就变成了白色。海鸥还是候鸟，春天往北飞，秋天往南飞。

海鹦

　　我是辨识度超高的海鹦，属于游禽类。我长着鲜艳的三角形尖嘴巴和一双橙色的大脚，脚上还长着蹼膜。我的脸蛋白白的，眼睛小小的，看起来像滑稽的小丑。我背部羽毛是黑色的，胸脯是白色的，看起来像企鹅。我的名字虽然带个"鹦"字，可是跟鹦鹉毫无关系，之所以这么叫，是因为我的嘴巴和脸有些像鹦鹉。我飞行不太灵巧，因为我的翅膀很短，飞起来像个滑稽的土豆。对了，我还是冰岛的国鸟呢！

鸟类小档案

鸟纲—鸻形目—海雀科
栖息地：挪威北部沿海
习性：海鸟，集群，喜欢抱团，对伴侣忠诚，平时栖息于海洋上，繁殖期回到岸边
食物：鱼类和浮游生物
本领：飞行、游泳、潜水
现状：北极海鹦是濒危物种

海鹦为什么喜欢集群？

海鹦：我们集群是为了防卫，并以此来向其他动物显示我们庞大群体的威力，警告其他海鸟不得入侵。

如果其他海鸟不顾警告，非要入侵，我们会发出警告声，随后成群结队地盘旋而起，最后形成一个飞快旋转的环状队形，采用"人海战术"，使入侵者晕头转向，难以找到进攻的突破口，使其不得不知难而退。

海鹦只有北极海鹦、角海鹦和簇羽海鹦三种，其中北极海鹦是北极特有的珍禽。

为什么海鹦能一次性捕捉很多鱼？

海鹦：这要归功于我们的嘴巴。我们的嘴巴呈三角形状，宽短尖锐、强而有力，嘴巴上有特殊的深沟构造，上颚还长有尖刺，这使得叼在嘴里猎物不会脱落，可以放心张口捕捉其他小鱼。一般来说，我们一次可以捕捉 10 条鱼，最多可以捕捉 60 多条鱼。

我们海鹦主要以捕食海鱼为生，并用细小的海鱼来喂养我们的孩子。

小秘密！

海鹦的家安在沿海岛屿的悬崖峭壁上。它们先用喙和爪子挖出 1～2 米深的通道，再对通道末端进行拓展，作为"房间"。海鹦的家主要用来休息、睡觉和储藏食物，平时它们都在大海上空展翅飞翔。

军舰鸟

　　我属于大型游禽类，是飞行速度最快的鸟类，飞行速度最快可达每小时 418 千米，比人类的高铁速度还快。为什么我飞得这么快呢？因为我的飞行天赋非常优秀。首先，我体形庞大，体长达 75 ~ 112 厘米，但身体很轻，最重的也只有 1.5 千克，而翼展却有 1.7 ~ 2.3 米。其次，我拥有发达的胸肌和非常利于飞行的剪刀形尾巴，最远一次可以飞行 4000 千米。

鸟类小档案

鸟纲—鹈形目—军舰鸟科

栖息地：热带和亚热带海滨和岛屿

习性：海鸟，集群，性情凶猛，喜欢抢夺其他鸟类的食物，有"强盗鸟"之称

食物：鱼、乌贼、章鱼、水母等

本领：飞行、抢劫

现状：国家一级重点保护动物

为什么军舰鸟喜欢抢其他鸟类的食物?

军舰鸟:因为我们的翅膀没有油,不能沾水,否则会被淹死,这决定了我们只能捕食一些游在海面的鱼类。虽然我们的捕鱼本领很强,能够滴水不沾地捕捉到游在海面的鱼类,可这样太辛苦、太累,有时候还会吃不饱。

所以,我们就充分利用速度快的优势去抢别人的食物,这样更容易得到食物而且还不累。比如,当我们看到邻居红脚鲣鸟捕鱼归来时,就会对它们发动突然袭击,迫使红脚鲣鸟放弃口中的鱼虾,然后再急速俯冲,夺取下坠的鱼虾,将其占为己有。

奇怪的是,被军舰鸟抢食的鸟类在夜晚栖息时,却喜欢和它们的"强盗"邻居住在一起。

军舰鸟脖子下面的红色大喉囊是干什么用的?

军舰鸟:这是我们求偶用的。这种红色大喉囊只有我们雄性军舰鸟有,雌性军舰鸟的脖子和腹部通常是白色的。

我们的喉囊是由喉部弹性很好的皮肤形成的,只有在求偶时才会膨胀起来。在求偶的时候,我们会极力吸气,使喉囊鼓得像个大红气球一样,然后极力摇摆身体,拍打翅膀,同时发出"呵呵"的声音来吸引雌鸟。

超厉害!

军舰鸟可以飞到1200米的高空,即使遇到12级狂风,也能安全地飞行、降落。

企鹅

　　我是呆萌可爱的企鹅，走路时摇摇摆摆，像笨拙的刚学会走路的孩子。我背部的羽毛是黑色的，胸部是白色的，从远处看，就像穿了一件黑白分明的大礼服。我属于游禽类，不会飞，但我们是世界上最擅长游泳的鸟类。我们家族中个头最大的是帝企鹅，也叫皇帝企鹅，身高在 90 ~ 120 厘米，体重可达 50 千克；个头最小的是小蓝企鹅，身高普遍在 43 厘米左右，体重约为 1 千克。

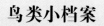

鸟类小档案

鸟纲—企鹅目—企鹅科

栖息地：主要生活在南半球，多数生活在南极

习性：游禽，集群，性情憨厚大方，呆萌可爱，喜欢寒冷，不喜欢热天气

食物：南极磷虾、乌贼、小鱼

本领：游泳、潜水

现状：全部列入《世界自然保护联盟濒危物种红色名录》

企鹅为什么不会飞？

企鹅：因为我们的鳍翼不适合飞行，这是我们长期进化的结果。

我们的祖先是会飞的，但在进化的过程中，我们的双翼变得越来越适应游泳和潜水，而越来越不适应飞行。到最后，我们的身体无法满足飞行的条件，因此就变得不能再飞行了。

另外，我们生活在隔绝性强的海岛，不需要花费极大的气力去飞行躲避天敌，所以在进化的过程中逐步失去了飞行能力。这种情况也类似于鸡、鸭、鹅，它们在人类的饲养下，也逐渐丧失了飞行能力。

企鹅拥有的尾综骨，是鸟类尾骨缩成的小骨节，这证明企鹅的祖先是拥有飞行能力的。

企鹅为什么不怕冷？

企鹅：我们不怕冷是因为身上长有厚厚的羽毛，而且羽毛是重叠、密集的鳞片状，不但海水难以浸透，还能抵抗低温，即使气温在零下近百摄氏度，我们也不会被冻死。

另外，我们的表皮下面还有一层厚厚的脂肪（厚达 2～3 厘米），可以产生热量，防止体温散失。除了这些，我们在长期进化过程中还形成了独特的血管系统，冷血和热血可以进行热交换，从而保证了血液的温度。

真奇妙！

企鹅托儿所

企鹅通常每年繁殖一次，每次产 1～3 枚卵，繁殖期在 10 月至来年 2 月。产卵后，企鹅妈妈常常离群到海洋觅食，10～20 天后回来替换企鹅爸爸，以后便以一两周为期互相轮换。企鹅宝宝出生后，其绒毛不能防水，亲鸟要照顾它们直到换羽。半成熟的企鹅会大群大群地待在一起，由成年企鹅来照顾，如同"托儿所"一般。

图书在版编目（CIP）数据

鸟儿的秘密 / 梦学堂编 . -- 北京：北京日报出版
社，2024.6
（带着科学去旅行：中国少年儿童百科全书）
ISBN 978-7-5477-4763-6

Ⅰ.①鸟… Ⅱ.①梦… Ⅲ.①鸟类—少儿读物 Ⅳ.
① Q959.7-49

中国国家版本馆 CIP 数据核字（2023）第 254813 号

带着科学去旅行：中国少年儿童百科全书

鸟儿的秘密

责任编辑： 辛岐波
出版发行： 北京日报出版社
地　　址： 北京市东城区东单三条 8-16 号东方广场东配楼四层
邮　　编： 100005
电　　话： 发行部：（010）65255876
　　　　　　总编室：（010）65252135
印　　刷： 新生时代（天津）印务有限公司
经　　销： 各地新华书店
版　　次： 2024 年 6 月第 1 版
　　　　　　2024 年 6 月第 1 次印刷
开　　本： 710 毫米 ×1000 毫米　1/16
总 印 张： 40
总 字 数： 588 千字
定　　价： 248.00 元（全 10 册）